This Is Chemistry

这就是化学

ELEMENTS 元素 ②

米莱童书 著/绘

四川教育出版社

推荐序

　　非常高兴向各位家长和小朋友们推荐《这就是化学》科普丛书。这是一套有趣的化学漫画书，它不同于传统的化学教材，而是用孩子们乐于接受的漫画形式来普及化学知识。这套丛书通过生动的画面、有趣的故事，结合贴近日常生活的场景，深入浅出，寓教于乐，在轻松、愉悦的氛围中传授知识。这不仅能够帮助孩子初步认识化学，还能引导他们关注身边的化学现象，培养对化学的浓厚兴趣。

　　化学是一个美丽的学科。世界万物都是由化学元素组成的。化学有奇妙的反应，有惊人的力量，它看似平淡无奇，却在能源、材料、医药、信息、环境和生命科学等研究领域发挥着其他学科不可替代的作用。学习化学是一个神奇且充满乐趣的过程：你会发现这个世界每时每刻都在发生奇妙的化学变化，万事万物都离不开化学。世界上的各种变化不是杂乱无章的，而是有其内在的规律，都被各种化学反应式在背后"操控"。学习化学就像是"探案"，有实验室里见证奇迹的过程，也有对实验结果的演算分析。

　　化学所涉及的知识与我们的日常生活息息相关，化学变化和化学反应在我们的身边随处可见。在这套科普绘本里，作者用新颖的形式带领孩子探究隐藏在身边的"化学世界"：铁钉为什么会生锈？苹果是如何变成苹果醋的？蜡烛燃烧之后变成了什么？为什么洗洁精可以洗净油污？用什么东西可以除去水壶里的水垢？……这些探究真相的过程，可以培养孩子学习化学知识的兴趣，也是提高科学素养的过程。

　　愿孩子们能从这套书中收获化学知识，更能收获快乐！

中国科学院院士，高分子化学、物理化学专家　李永舫

目 录

什么是元素

嗨！我是**元素**，是组成各种物质的基本成分。

元素就相当于组成英文单词的字母。

元素和物质的关系，就像英文字母和英文单词的关系。英文字母只有 26 个，可是组成的单词成千上万。元素呢，只有一百多种，却能组成宇宙中的一切物质。

你看，我们脚踩的土地是由元素组成的。

我们时刻都在呼吸的空气是由元素组成的。

连天上东升西落的太阳也是由元素组成的。

不同的物体，各种元素的含量也不同。在地壳中，氧元素含量最高。

空气中含量最多的元素是氮元素，如果把一个盒子里氮元素组成的氮气提取出来，它们几乎可以占据这个盒子五分之四的空间。

太阳是一颗恒星，组成它的元素中，大约有四分之三是氢元素。

太阳中的氢不断地聚变成氦，在未来的某一天，它的氦元素含量会超过氢元素。

说了这么多，元素到底是什么呢？

在化学中，**元 素** 就是质子数相同的一类原子的总称。比如氧原子和氧离子，都属于氧元素。

在化学变化中，原子种类不变，元素就不会改变。

有些元素是自然界中存在的，有些元素是人造的。

用一种元素的原子核去轰击另外一种元素的原子核，它们结合形成新的原子核后，人造新元素就产生了。

元素符号

元素是个大家族，要想把家族中每一个成员都表示出来并不是一件容易的事。

科学家们认为，可以用**特定的符号**来表示不同的元素。

曾经有一个化学家发明了一种用**图形加字母**的形式来表示元素的方法。

丁这种方式不便于记忆和书写，后来人们就统一采用该元素**拉丁文名称的缩写**来表示。

一个字母表示的元素符号要大写；两个字母组成的元素符号，首字母大写，第二个字母小写。

元素一般用其拉丁文名称的**首字母**来表示。如果遇到首字母相同的情况，就加上第二个字母来区分。

元素符号既表示一种元素，也表示一个原子。如"O"既可以表示氧元素，也可以表示一个氧原子。

氧元素！

氧原子！

元素周期表

我们来给元素们排排队吧!

仔细看**元素周期表**,你能发现很多有趣的信息。

黄色的格子里都是**金属元素**,它们排列在左侧。

蓝色的格子里**非金属元素**,以外,都排列在

1 H 氢							
3 Li 锂	4 Be 铍						
11 Na 钠	12 Mg 镁						
19 K 钾	20 Ca 钙	21 Sc 钪	22 Ti 钛	23 V 钒	24 Cr 铬	25 Mn 锰	26 Fe 铁
37 Rb 铷	38 Sr 锶	39 Y 钇	40 Zr 锆	41 Nb 铌	42 Mo 钼	43 Tc 锝	44 Ru 钌
55 Cs 铯	56 Ba 钡	57~71 La~Lu 镧系	72 Hf 铪	73 Ta 钽	74 W 钨	75 Re 铼	76 Os 锇
87 Fr 钫	88 Ra 镭	89~103 Ac~Lr 锕系	104 Rf 𬬻*	105 Db 𬭊*	106 Sg 𬭳*	107 Bh 𬭛*	108 Hs 𬭶*

金属元素

提起**金属**，你一定不陌生。厨房里的锅、刀、勺子都是用金属制成的……

体育馆里的许多运动器械，是用金属制成的……

乐团的很多乐器，也是用金属制成的……

看看周围，你甚至可以随时随地发现用金属制成的物体。

金属有一些共同的特性，比如，它们具有光泽，看起来亮闪闪的。

哇！这些首饰好漂亮，光彩夺目的！

金属具有延展性，它们可以被压成薄片，也可以被拉成长长的细丝。

大多数金属还是电和热的良导体，所以电线和很多锅都是用金属制成的。

不同金属的**活泼性**也不一样。越活泼的金属越容易发生化学反应。

钾在空气中就可以被点燃；

铁在纯氧中可以被点燃；

而铜在常温下几乎不与氧气发生反应。

镁在盐酸中反应剧烈，产生的气泡很多；

锌在盐酸中反应，产生的气泡就少了很多；

铁在盐酸中反应，只产生少量的气泡。

人们经过实验研究发现：常见金属的活动性顺序中，**钾**最靠前，**金**在最后。

活 动 性

具有代表性的金属元素

最常见的金属是**铁**，铁是世界上产量最高的金属。

纯铁是银白色的，但平常我们很难看到纯净的铁。

　　铁可用来制作厨房用具、交通工具、运动器材等，我们的生活中遍布着用铁制作的物品。
　　就连你身体内的血液里也有铁元素，它是血红蛋白的重要组成成分，用来运输氧。

许多门窗是用铝做的，因为它比铁要轻得多，并有很好的抗腐蚀性能。

铝是地壳中含量最高的金属元素，也是一种常用的金属。

铝在常温下与氧气反应形成一层氧化铝薄膜，可以阻止铝进一步被氧化。

钙是人体中含量最高的金属元素，主要存在于骨骼中。

缺钙会导致骨骼发育不良，个子长不高。

一个成年人身体里的钙，能装满这个瓶子。

这是一支体温计，里面装的液体也是一种金属，它叫汞。汞在常温下是液态的，所以它也叫水银。

合金

厨师在炒菜时，会加入各种调料，改善菜的色、香、味。假如把这种方式用在金属制作上，能够得到各种**合金**。

> 在金属加热时熔合其他金属或非金属，就可以得到**合金**。

> 比如，在铜中加入锡，就会得到**铜锡合金**。

铜锡合金就是**青铜**，你一定不陌生，在博物馆里经常会看到用它制作的古代器具。

> 青铜是人类冶炼出的**第一种合金**。

> 青铜器原本不是青色的，经过许多年的**氧化**，变成了青色。

合金能将不同金属或非金属的特性融合。

我们平时常说的**钢**，其实是一种**铁碳合金**。

制作医疗器械所用的不锈钢含有**铁、铬、镍**等，不仅坚硬，而且抗腐蚀性强。

火车轨道需要承受火车巨大的重量，所用的材料锰钢是含**铁、锰、碳**的合金。

硬币是用白铜制成的，白铜是**铜镍合金**，它耐磨、耐腐蚀，而且亮闪闪的。

亮闪闪的东西，总是能吸引人注意。

用于焊接的焊锡是**锡铅合金**，它熔点低，是焊接线路中电子元件的重要材料。

铝比较软，但用铝、铜、镁、锰等制成的合金——**硬铝**，强度和硬度非常高，飞机、火箭、轮船的制造都少不了它。

非金属元素

除汞以外，几乎所有的金属在常温下都是固体，而非金属组成的物质不仅有固体，还有**液体**和**气体**。

金属具有导热和导电的性能，非金属一般不容易导热和导电。

金属具有延展性，可以被锻造成各种形状，而非金属组成的固体却很难被塑造成其他形状。

几种非金属元素

非金属元素中，**气体**元素占了一半。氢、氦、氮、氧、氯……从这些中文名字上，你就能看出它们的状态——有"气"字头的是气态非金属元素。

氧是地球上最丰富的元素，木柴燃烧、火箭升空、动物的生存都离不开氧气。

氧气每时每刻都在被消耗，但同时，植物也在通过**光合作用**时时刻刻产生新的氧气。

在气态元素中，有一类叫**"稀有气体"**，它们位于元素周期表的最后一列。

其实"稀有气体"并不是都很少见，它们有的在宇宙中很充沛，所以后来又改名叫**惰性气体**，表示它们不活泼，很"懒惰"。

氩气在通电状态下，会发出蓝紫色的光。

充了氦气的灯管，通电后发出粉红色的光。

发出红色光，是因为灯管中填充了氖气。

氪气通电后，会发出黄绿色的光。

你看过霓虹灯吗？五颜六色，非常漂亮。这是因为在不同的灯管里填充了不同的**惰性气体**，通电后，就会产生不同的颜色。

碳元素是一种常见的非金属元素，平时我们经常会听到它的名字。

嗨，我在元素周期表中排**第六位**，你找到我了吗？

碳和炭是不同的。

"碳"代表着碳元素，而"炭"是指一种多孔性物质，比如煤炭、木炭、活性炭。

这是木炭……

这是煤炭……

活性炭中也有我的存在。

铅笔芯就是用石墨做的

石墨是由碳元素组成的，它的结构是一层一层的。

石墨是深灰色的，质地很软，在纸上划过会留下痕迹。

你坐过电车吗？电车上的那根"小辫子"的顶部叫**电刷**，是用石墨做的。家里的干电池，剥开以后，有一根黑色的**电极棒**，也是石墨做的。

这是因为石墨具有很好的**导电性**。

金刚石也是由碳元素组成的。

金刚石和石墨完全不同，它是无色透明的，非常坚硬，能切割玻璃、石头和金属。

金刚石是天然存在的**最硬**的物质。

金刚石还是非常贵重的宝石，璀璨夺目的**钻石**就是由金刚石打磨制成的。

除了石墨和金刚石，碳元素还能组成一种叫碳60的物质。

一个碳60分子由60个碳原子构成。

你可能注意到了，它的结构看起来很像一个足球。

碳60这种独特的"足球"结构非常稳定，被广泛用于制作各种材料。科研人员还在不断地对它进行研究。

同素异形体

同样一堆木头，可以做成桌子，也可以做成椅子。由同一种元素组成的物质的"形状"也可以不同。这些由同种元素形成的不同单质我们叫**同素异形体**。你在前面看到的石墨、金刚石、碳60就是碳元素的同素异形体。

白色的，有剧毒，40℃左右就会燃烧，隔绝空气加热至260℃转化为**红磷**。

紫红色的，几乎无毒，260℃左右才能燃烧，隔绝空气加热至416℃转化为**白磷**。

除了碳元素，其他一些元素也有同素异形体。比如，**红磷**和**白磷**是磷元素常见的同素异形体。

火柴头就是用红磷调和其他物质制成的。

红磷可以用来制造火柴。

白磷可以用来制造烟幕弹、燃烧弹。

空气中含有氧气，氧气由氧元素组成，**氧元素**还能组成什么物质呢？

臭氧层是地球的保护层，它可以吸收太阳光中对地球生物有害的短波紫外线，保护地球上的生物。

放射性元素

你知道吗？在以前，有一些人幻想着"点石成金"，想把普通的石头变成金子。

变！变！变！

石头啊石头，你一定要变成金子。

当然，他们的希望都破灭了。

但在自然界中，却一直进行着类似"点石成金"的怪现象。一些**放射性元素**会**衰变**成新的元素。

一些元素的原子核会放射出粒子和能量，改变自己的质子数，变成另外一种元素。

放射性元素

比如，一种铀元素，它会放射出 2 个质子和 2 个中子，然后变成一种新的元素——钍。

89	Ac	90	Th	91	Pa	92	U	93	Np
锕		钍		镤		铀		镎	

放射性元素的原子什么时候**衰变**是没有办法知道的。

保持专注，我也不知道，但随时都可能会发生。

嗨，你到底什么时候衰变？

这很像分蛋糕游戏，一整块分出来半块，又从半块分成四分之一块，一直不停地分下去。

不过如果有足够多的放射性原子，过一段时间，它们就会有一半进行衰变，再经过相同的一段时间，剩下的原子中又有一半会发生衰变。放射性元素的原子核有半数发生衰变所需要的时间叫**半衰期**，很是奇特。

同位素

元素种类由原子中的质子数决定，有的元素包括不同的原子。

比如，氢元素就有三种不同的原子。

常见的氢原子只有一个质子。

加入一个中子后，原子核中变成了一个质子和一个中子。

如果往里面加入一个中子，它就会变成另外一种原子。继续往里面加入一个中子，它又变成了新的原子。

这样的原子叫作重氢。

现在变成了一个质子和两个中子，这样的原子叫作超重氢。

你瞧，这种质子数相同、中子数不同的同一种元素的不同原子互称为**同位素**。他们就像兄弟姐妹一样。

我们生活在一个化学世界里，到处都是化学元素。人们不断地加深对化学元素的认识，对新元素的探索也从未停止。

如果你对元素产生了好奇，不妨深入了解钻研它们，没准将来你会发现新的元素哟！

你会给同素异形体连线吗？

石墨

氧气

白磷

臭氧

金刚石

碳60

红磷

问答收纳盒

什么是元素? 元素是质子数相同的一类原子的总称。

什么是元素符号? 元素符号是用元素拉丁文名称的首字母(大写)或开头两个字母(第一个字母大写,第二个字母小写)表示元素的符号。

什么是元素周期表? 元素周期表是把已知的化学元素按照元素的原子结构和性质,把它们进行科学有序排列的表格。

什么是合金? 合金是指在某种金属元素中熔合其他金属或非金属制成的材料。

什么是同素异形体? 同素异形体是指由同种元素形成的不同单质,如石墨和金刚石互为同素异形体。

什么是放射性元素? 放射性元素是能够从原子核内部放射出粒子和能量的元素。

什么是衰变? 衰变是放射性原子的原子核在放射出粒子及能量后,变成较为稳定的原子的过程。

什么是半衰期? 半衰期是放射性元素有半数的原子发生衰变所需要的时间。

什么是同位素? 质子数相同、中子数不同的同一种元素的不同原子互称为同位素。如氢、重氢与超重氢互为同位素。

思考题答案

36 页　金属元素:钠、铁、铜、钙、金、银、铝、汞;非金属元素:碳、氧、氢、磷、氦、氯、氮。

37 页　白磷——红磷　石墨——金刚石——碳 60　氧气——臭氧

作 者 团 队

米莱童书

米莱童书是由国内多位资深童书编辑、插画家组成的原创
童书研发平台,2019"中国好书"大奖得主、桂冠童书得主、
中国出版"原动力"大奖得主。是中国新闻出版业科技与
标准重点实验室(跨领域综合方向)授牌中国青少年科普
内容研发与推广基地,曾多次获得省部级嘉奖和国家级动
漫产品大奖荣誉。团队致力于对传统童书阅读进行内容与
形式的升级迭代,开发一流原创童书作品,使其更加适应
当代中国家庭的阅读需求与学习需求。

专 家 团 队

李永舫　中国科学院院士,高分子化学、物理化学专家
　　　　作序推荐
张　维　中科院理化技术研究所研究员,抗菌材料检测中
　　　　心主任　审读推荐
亓玉田　北京市化学高级教师、省级优秀教师、北京市青
　　　　少年科技创新学院核心教师　知识脚本创作

创作组成员

特约策划:刘润东
统筹编辑:于雅致 陈一丁
绘画组:辛颖 孙振刚 鲁倩纯 徐烨 杨琪 霍霜霞
美术设计:刘雅宁 董倩倩

图书在版编目（CIP）数据

这就是化学. 2，元素 / 米莱童书著绘. -- 成都：
四川教育出版社，2020.9（2021.12重印）
ISBN 978-7-5408-7397-4

Ⅰ.①这… Ⅱ.①米… Ⅲ.①化学—儿童读物 Ⅳ.
①06-49

中国版本图书馆CIP数据核字(2020)第142337号

这就是化学　元素
ZHE JIUSHI HUAXUE YUANSU

米莱童书　著 / 绘

出 品 人　　雷　华
策 划 人　　何　杨
责任编辑　　吴贵启　林蓓蓓
封面设计　　刘　鹏
版式设计　　米莱童书
责任校对　　王　丹
责任印制　　高　怡
出版发行　　四川教育出版社
地　　址　　四川省成都市黄荆路 13 号
邮政编码　　610225
网　　址　　www.chuanjiaoshe.com
制　　作　　易书科技（北京）有限公司
印　　刷　　河北环京美印刷有限公司
版　　次　　2020 年 9 月第 1 版
印　　次　　2021 年 12 月第 11 次印刷
成品规格　　170mm×235mm
印　　张　　2.5
书　　号　　ISBN 978-7-5408-7397-4
定　　价　　200.00 元（全 8 册）

如发现质量问题，请与本社联系。总编室电话：（028）86259381
北京分社营销电话：（010）67692165　北京分社编辑中心电话：（010）67692156